Re

3378

337.8

NOUVELLE MANIERE
POUR LEVER
L'EAU
PAR LA FORCE DU
FEV.
MISE EN LUMIERE
Par D. PAPIN,

Dr. en Med. Prof. en Mathem. à Marbourg, conseiller de S. A. S. de Hesse & membre de la societé Royale de Londres.

✿✿✿✿✿✿✿✿✿✿✿✿✿

A Caſſell
Pour Jacob Eſtienne Libraire
de la cour.

Par Jean Gaſpard Voguel Imprimeur,
M. DCC. VII.

Avis.

ON a eu des raisons pour Supprimer dans cette edition françoise les Demonstrations necessaires pour prouver tout ce qu'on avance : & ainsi les renvois qu'on trouvera entre deux parentheses, comme (2. Dem.) Sont icy inutiles : Mais ils servent dans l'edition Latine afin que ceux qui se plaisent à ces sortes de raisonnements les puissent facilement trouver à la fin de l'ouvrage.

A LA TRES ILLUSTRE
SOCIETE
ROYALE,
DE
LONDRES.

MESSIEURS,

L seroit inutile de Vous demander ex-cuſe de la liberté que Je prens de Vous ad-dreſſer ce petit traitté : Il n'y a au-cun lieu de douter qu'il ne Vous ſoit agreable puis qu'il tend à aug-menter extremem̃ent le pouvoir du genre humain : On connoît le

A 2　　　zele

zele de la nation Angloise pour la felicité publique : On voit avec étonnement les grandes choses qu'elle fait pour la liberté de l'Europe : Et l'institution de vôtre Illustre Societé, composée d'un si grand nombre d'hommes assez genereux pour emploier beaucoup de temps, de peine & de dêpense afin de procurer de nouvelles commoditez au Public, suffit seule pour me garantir dans cette occasion de la crainte de vous deplaire. Il ne me reste donc, Messieurs, que de Vous supplier tres humblement de daigner faire connôitre dans les Transactions Philosophiques quel jugement Vous faittes de cet ouvrage. Comme

me Je prétens y faire nâitre l'espe-
rance de rendre un homme capable de faire autant que mille:
J'ay grand lieu de craindre qu'on
ne regarde ce projet comme une
chymere & il y aura fort peu de
gens qui puissent & qui veuillent
se donner la peine d'examiner
comme il faut les experîences sur
quoy Je me fonde & les raisonnements par ou ie prettens prouver
incontestablement tout ce que
J'avance: Ainsi, Messieurs, se
crois qu'il sera tres utile qu'il
Vous plaise de prononcer ce qu'on
en doit croire : ou pour obliger à
chercher des remedes aux incon-
venients que Vous aurez décou-
verts : ou pour empecher quon
ne

ue s'engage dans un travail inutile si
l'invention n'est pas bonne : ou pour en-
courager bien des gens à la perfection-
ner avec chaleur si elle le merice :
L'Authorité, que Vous Vous êtes juste-
ment acquise de juger dans ces matie-
res, est reconnue de tout le monde :
les plus grands Princes mêmes pour-
ront, sans faire tort à leur gloire, se
reigler selon vos arrets & le Public
en profitera : Je suis avuc un trespro-
fond respect,

MESSIEURS,

Vôtre tres humble & tres
obeissant serviteur

D.Papin.

PRÆFACE.

IL y à plus de huict ans que son Alteſſe Sereniſſime *CHARLES LAND-GRAVE de HESSE* me feit l'honneur de me commander de travailler á une nouvelle invention pour élever l'eau par la force du feu : & dez l'année 1698. on en avoit déja fait des experiences aſſez conſiderables · mais les glaces qui furent fortes dez le mois de Novembre rompirent la machine & emporterent la ſoupape d'embas qui étoit enfoncée dans la riviere : de ſorte que, d'autres affaires étant ſurvenues, la choſe n'avoit pas été pouſſée plus loin. Cependant J'en avois écrit & parlé á diverſes perſonnes & entre autres Je puis faire voir une lettre á l'illuſtre Mr. Leibniz ou Je luy marquois que nous élevions l'eau par la force du feu d'une maiere plus avantageuſe que celle qne J'avois pu-

A 4   bliée

bliée quelques années auparavant : &
que, outre la suction, nous nous ser-
vions aussi de la pression que le au exer-
ce sur les autres corps en se dilatant
par la chaleur, aulieu que auparavant Je ne me servois que de la seule
suction dont les effets sont bien plus
bornez : & Mr. Leibniz dans sa re-
ponse du 29e. Jutllet 1698. me marque
qu'il a aussi eu la méme pensée. Ce
que Je dis icy n'est pas pour donner
lieu de croire que Mr. Savery qui a
depuis publié cette Invention à Londres n'en soit pas effectivement l'in-
venteur : Je ne doute point que cette pensée ne luy soit venue aussi bien
qu'à d'autres sans l'avor apprise d'ail-
leurs : mais ce que Je dis est seulement
pour faire voir que MONSEIGNEUR
le LANDGRAVE est le premier qui a
formé un dessein si utile.

Ce travail ayant eté interrompu,
comme J'ay dit, seroit peut être de-
meuré encor long temps dans l'oubli:
n'eut

n'eut été que Mr. LEIBNIZ, dans une lettre du 6. Janu 1705. me feit l'honneur de me demander ma penſée au ſujet de la machine de Mons Thomas Savery dont il m'envoyoit la fidure imprimée à LONDRES. Quoyque ſa conſtruction fût un peu différente de la nôtre & que Je n'euſſe pas le diſcours qui devoit expliquer la figure, Je connus pourtant d'abord que la machine angloiſe & celle de Caſſel ètoient fondées ſur le même principe : & J'eus l'honneur de le faire voir à Monſeigneur le LANDGRAVE. Cela feit reprendre à S. A. S. le deſſein de pouſſer cette Inuention qui eſt ſans doute tres utile; mais qui ètoit encor beaucoup plus defectueuſe qu'on ne penſoit, comme on verra dans la ſuitte : Je puis donc aſſeurer qu'il a couté bien du tems du travail & de la dêpenſe pour conduire la choſe à la perfection ou elle eſt à preſent : & il ſeroit trop long de particulariſer toutes les difficultez impreveues qui ſe ſont reucontrées & toutes

A 5   *les*

les *experiences qui ont reuffi tout au
contraire de ce qu'il fembloit qu'on en
devoit attendre : ainfi Je me conten-
teray de faire voir combien ce que nous
avons à prefent eft preferable à ce
que nous avions fait dabord & à ce que
Mr. Savery a fait depuis : Afin que
le Public ne puiffe fe meprendre dans
le choix qu'il aura à faire entre ces differentes machines : & qu'il profite fans
peine de ce qui en a tant couté : & afin
auffi qu'on voie que l'obligation qu'on a
à S. A. S. à cet egard , n'eft pas fimple-
ment pour en avoir formé le premier
deffein mais auffi pour avoir fur-
monté les difficultez des premieres exe-
cutions & avoir fait conduire la chofe
au degré de perfection ou elle eft a-
prefent.*

NOU-

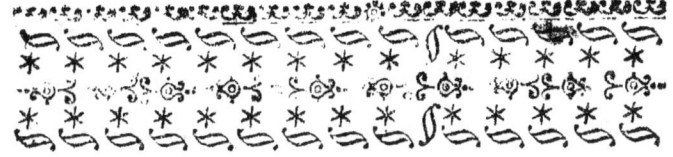

Nouvelle maniere d'éle-
ver léau par la force du feu.

CHAPITRE I.

Description de la retorte avec les ob-
servations necessaires.

1.

V icy de quele maniere la machine est à present construit-
te : A.A. est une grosse ves-
sie de cuivre que J'appelle retorte à cause de sa conformité avec l'in-
strument de chymie qu'on appelle de ce
nom; elle a de 20. à 21. pouces de diametre dans sa plus grande largeur & 26.
pouces en sa hauteur, elle doit être enfermée dans un fourneau de brique
qu'il n'est pas necessaire de representer
icy : il suffit de dire qu'il doit avoir environ 30. pouces de largeur de dehors en
dehors

dehors.   Parce que les briques, ayant
trois pouces de largeur de chaque côté dudit fourneau laisseroient encor 24.
pouces de vuide de dedans en dedans :
& ainsi la retorte A A placée au milieu
laisseroit tout autour un espace de prés
de deux pouces pour le passage du feu
qui l'embrasseroit de tous côtez.   Il est
bon que le fourneau en dedans s'elar-
gisse & s'étrecisse suivant la figure de la
retorte : &, comme cette retorte doit
avoir tout en haut le tuyau recourbé
A BB auquel on soude le robinet E
par ou on ouvre le passage aux vapeurs, il faut en cet endroit élever la
muraille dudit fourneau de la maniere qui est necessaire pour que une
partie dudit tuyau se trouve aussi toute enfermée dans le feu y ayant par dessus & aux côtez plus d'un pouce de
distance entre le tuyau & les briques :
& il ne faut laisser de sortie au feu que
par un trou qui se trouve en cet endroit & dont les bords s'élevent assez
haut pour que le dit tuyau A B y soit
enfon-

enfoncé & n'empeche pas d'appliquer, quand on voudra, un couvercle jufte fur ce trou.

2. A l'endroit marque C eft le tuyau par ou on emplit la retorte & ce tuyau doit être long afin de penetrer au travers du fourneau & paroître en dehors pour receuoir de nouvelle eau à toute heure qu'on le jugera à propos. Il faut auffi bien cimenter le trou par ou ce tuyau paffe enforte que le feu ne puiffe fe perdre par la. Tout cela eft fi facile qu'il feroit inutile d'en dire davantage.

3. Je remarqueray pourtant encor qu'il fera bon, dans l'endroit ou paffera le tuyau AB, de n'elever la muraille du fourneau qu'à 5. ou 6. pouces de diftance dudit tuyau afin que le feu ayt le paffage bien libre pour venir l'êchauffer autant quil fera poffible : Et, pour empêcher le feu de fe perdre, il faut fermer cette ouverture en appliquant au de hors du fourneau quelque plaque de fer qu'on y cimentera bien.

exa-

exactement & au travers de la quelle l'àpartie BB. paſſera.

4. A cette extremité ſera ſoudé le robinet E qu'on aura ſoin de placer le plus prés du fourneau que lon pourra auſſi bien que la pompe DD. dans la quelle on voudra faire entrer les vapeurs de l'eau bouillante : En un mot il faut partout avoir ſoin d'échauffer le plus de lieux qu'il ſera poſſible : & d'accourcir tant qu'on pourra les parties expoſées au refroidiſſement.

5. La raiſon qui nous oblige à avoir ſi grand ſoin d'augmenter & de conſerver la chaleur c'eſt que c'eſt la chaleur qui fait toute la force mouvante dans cette machine : Car au lieu que dans les pompes ordinaires ce ſont des animaux , des rivieres, du vent ou quelque autre choſe de cette Nature qui emploient leur force pour enfoncer le piſton dans la pompe & en chaſler l'eau, icy ce ne ſont que les vapeurs échauffées dans la cornue A A. qui paſſent avec violence par le tuyau ABB. ſi

tôt

tôt qu'on ouvre le robinet E, & vont
preſſer le piſton FF dans la pompe DD:
Et la force de ces vapeurs eſt dautant
plus grande que nous leur donnons un
plus haut degré de chaleur.

CHAPITRE II.

Deſcription de la pompe & de ſes
tuyaux.

1.

LE vaiſſeau DD qui tient lieu de
pompe à 20. pouces de diametre
& ſon piſton FF y parcourt un es pace
de 16. pouces de hauteur : Ainſi il eſt
aiſé de calculer (1.Dcm.) qu'á chaque
Operation ce piſton peut chaſſer 200.
Livres d'eau hors de la pompe DD.

2. On peut auſſi faire voir par le calcul (2.Dem.) que, ſi on fait le tuyau GG.
en ſorte que dans l'endroit le plus êtroit
il ayt 8. pouces de diametre : Et que
l'ouverture G (par ou l'eau doit ren-
trer pour remplir la pompe DD) ſoit 8.
pouces plus haut que le robinet n. (par

ou

ou l'eau doit fortir fi tôt qu'il ya affez
d'eau dans DD) on peut, dîje, faire voir
par le calcul que cela fuffira pour faire
que la pompe DD fe puiffe remplir de
200. livres d'eau en moins de une Seconde de temps, le dit tuyau G Gayant com-
munication dans le gros tuyau recourbé HHH qui a fa grande ouverture dans
la pompe DD.

3. Le pifton FF eft un cylindre creux
de metal bien bouché partout crainte
que l'eau y entrant ne le rende trop pe-
fant : Car il doit flotter fur l'eau afin de
remonter toûjours au haut de la pompe quand elle fe remplit. Dans ce pifton il faut remarquer le tuyau II. ouvert par en haut & fermé par en bas: &
paffant au milieu du dit pifton ou il eft
bien foudé tant au fonds qu'au couvercle. Ce tuyau fert à recevoir des
fers rouges qu'on introduit par l'ouverture L & qui demeurent toujours fu-
fpendus au haut de la pompe: leur ufage
eft d'augmenter la force des vapeurs
qui entrent par le tuyau ABB quand
                                        on

on ouvre le robinet E : & ils peuvent demeurer long temps chauds parce que entrans dans le tuyau II. Ils font garentis de toucher l'eau dont la pompe fe remplit. L'ouverture *L* auffi bien que le tuyau CC fe ferment fort exactement, & facilement par des plaques uſées qu'on applique deſſus & qui font dabord preſſées par des poids qu'on met plus ou moins grands felon qu'on veut faire la preſſion en dedans plus ou moins forte. Et on peut voir la maniere de fe reigler en cela (o. Dem.).

4. A la petite extremité du tuyau HHH eſt foudé le tuyau MM qui entre en partie dans le vaiſſeau cylindrique NN : ce vaiſſeau doit avoir 3 pieds de haut & 23 pouces de diametre afin que dans la hauteur d'un pied il contienne 200 Livres d'eau & en tout 600 Livres (4. Dem): Ainſi il arrivera que quand il ſera rempli d'eau jusques à la hauteur de 2 pieds l'air y ſera reduit à n'occuper plus que le tiers de l'eſpace qu'il occupe Ordinairement & par conſequent il ſera capable de foutenir l'eau

B jus-

jusques á la hauteur de 64. pieds outre
la hauteur ordinaire. (5. Dem.) Mais,
quand il aura chaffé 200. livres d'eau: &
qu'ainfi le vaiffeau NN ne fera plus rêpli
que jusques à la hauteur d'un pied, l'air
n'occupera plus qu'un tiers moins d'e-
space qu'il n'en occupe ordinairement
& il ne foutiendra, que 16. pieds d'eau ou
tre la hauteur ordinaire qui eft de 32.
pieds. (5. Dem.)

5. Lors donc que nous faifons la preffion dans la retorte AA affez forte pour
foutenir 64. pieds d'eau outre la preffion
ordinaire: Si le vaiffeau NN n'eft rempli
que jusques au tiers, comme jusques en
O tout l'air dudit vaiffeau fe trouvât reduit dans la hauteur QO & ainfi occupât
encor les deux tiers de fon efpace ordinaire il fera capable de foutenir feule-
mêt 16. pieds d'eau & ainfi, en ouvrant le
robinet E les vapeurs qui viendront de
la retorte AA preffer fur le pifton FF au-
ront encor une force æquivalente à 48.
pieds & elles feront décendre ce pifton
& chafferont l'eau de la pompe DD par
les tuyaux HHH MM & la feront entres
dans

dans NN avec, autant de vîteſſe que ſi elle jaliſſoit au bas d'un reſervoir haut de
48. pieds:& on peut, demontrer que, nõ
obſtant que la reſiſtance dans le reſervoir NN s'augmente toûjours à meſure
que l'air ſy cõdenſe par la quantité d'eau
qui prent ſa place, Il pourroit pourtant y
entrer 200. livres d'eau en moins de une
ſeconde qnand même le tuyau MM n'auroit que quatre pouces de diamantre(6.
Dem.): Ainſi donc, en luy en donnant 5.
ou 6. on ſera tres aſſeuré que le piſton FF
pourra toûjours chaſſer, en moins d'u-
ne ſeconde de temps, 200. livres d'eau
hors de la pompe DD & les faire entrer
dans le reſervoir NN. pourvû que les
choſes ſoient dans l'état que J'ay dit.

6 Je conclus donc que, puiſq; nous avõs
vû cy deſſus qu'il eſt facile de faire que la
pompe DD ſe rẽpliſſe en une ſeconde de
tẽps & qu'en ſuitte nous venons de voir
qu'elle ſe vuidera auſſi en moins d'une,
ſecõde, On peut aſſeurer hardimẽt q; l'o-
peratiõ ẽtiere ne durera pas plus de deux
ſecõdes: & qu'ainſi un ſeul hoñe pourra
lever toutes les 2. ſecondes 200. livres

B 2 d'eau

d'eau á 40. pieds de haut : Car quand
l'air dans N. N. eſt reduit à n'occuper
plus que l'eſpace Q P il peut pouſſer
l'eau à 64. pieds : & quand il occupe tout l'eſpace Q O il ne la pouſſe qu'a-
vec la force pour monter à 16. pieds
de haut : & on peut demontrer que
cela revient à la même choſe que S'il-
la pouſſoit toujours avec une force
egale & Suffiſante pour monter à 40.
pieds. (7. Dem.)

7. Il faut encor remarquer icy que
l'eau qu'on fait ainſi entrer à force dans
le vaiſſeau NN ſort continuelement
par le robinet X X auquel on anjuſte
le tuyau qui la conduit ou il faut pour
frapper le plus avantageuſement la
roue qu'on veut faire tourner : & on
peut demontrer (8. Dem.) Que l'ouverture, par ou l'eau ſort ainſi, doit
avoir environ deux pouces & un quart
de diametre : Afin que pendant les 2.
Secondes que dure chaque Operation
il ſorte 200. Livres d'eau du vaiſſeau
NN : Pour faire place aux autres 200.
Livres

livres quil doivent être entrées quand
ouvrira le robinet E pour l'operation
fuivante : Et céft dans le temps que
ce robinet eft ouvert que l'air fe ref-
ferre & acquiert de la force dans NN:
& enfuitte il fe relâche & pert fa force
dans le temps que ledit robinet
E eft fermé & que la pompe DD fe
remplit.

8. Il ne fera peut être pas auffi inutile de dire qu'il y a icy de même
qu'aux pompes ordinaires, deux fou-
papes : L'une en s qui s'ouvre pour
laifferentrer l'eau dans la pompe DD
& qui fe referme pour empêcher leau
de reffortir par la ; l'autre en T pour
laiffer paffer l'eau de D D dans NN
par les tuyaux HHH MM & pour lémpê-
cher de retourner par le même chemin afin que elle foit contrainte de
paffer continuelement par le robinet XX.

9. Je ne crois pas qu'on puiffe douter que la machine telle que Je viens de
la décrire ne foit fort aifée à mettre en

pratiqué

pratique à & affez bon marché:& neant
moins on peut faire voir (9.Dem) que
par ce moïen un homme pourroit produire autant d'effet que cinquante.

CHAPITRE III.

Moïens d'augmēter l'éffet de la machine.

1. ON pourroit encor faire l'éffet beaucoup plus grand fi on faifoit le
refervoir d'une grandeur fuffifante
pour que, ayant dans fa plus grande cõ-
preffion la force de pouffer l'eau à 65.
pieds de haut, il êut encor la force de la
pouffer à 60.pieds lors que l'air feroit le
plus dilaté & cela reviendroit à la même
chofe que fi'l la pouffoit toujours avec
egale force à la hauteur de plus de 62.
pieds: Ce qui eft de plus d'un tiers plus
que nous ne venons de trouver:& ainfi,
au lieu de ne faire l'éffet que de cinquante hommes, on trouveroit qu'un homme feroit autant & même plus d'effet
que feptante cinq & pour cela il ne feroit pas befoing que le conduit HMM êut
plus de largeur que 7.pouces (10.Dem)
car

car la preſſiõ de 65. pieds, que nous ſup-
poſons ſur le piſton FF ſuffiroit pour faire paſſer bien plus de 200. livres d'eau en
une ſecõde par une ouverture de 7. pouces : malgré la reſiſtance de l'air cõdenſé
autant que J'ay dit dans le reſervoir NN.

2 L'augmentation d'effet dont Je viens
de parler eſt peu de choſe en comparaiſon de celle qu'on pourroit obtenir en
augmentant la preſſion dans la retorte
AA : Car celle dont J'ay parlé juſques icy
pour pouſſer l'eau juſques à 64. ou 65.
pieds n'eſt équivalente que à deux fois la
preſſion ordinaire de l'air : or il eſt cer-
tain que l'on peut faire la preſſion beaucoup plus grande puiſq; avec lesdige-
ſteurs ou machines à cuire les os, qui nê-
toient pas tout enfoncez dans leur fourneau, cõme eſt icy la retorte AA, J'ay fait
quelques fois des preſſions æquivalêtes a
onze fois la preſſiõ de l'air. Ainſi on peut
conter hardimt. que, la retorte étant ſi biẽ
echauffée qu'ell'eſt & avec l'aide des fers
rouges enfermez dans la pompe DD, on
poutra faire des preſſions bien plus de
ſix fois plûs fortes q̃ celle qu'il faut pour

pouſ-

pouſſer l'eau à 64. pieds de haut : &
qu'alors un home feroit presque autant
d'éffet que 500. autres qui n'auroient ꝗ
les inventions uſitées jusques à preſent.

3. Si on conſidere outre cela que le
vaiſſeau D D & ſes tuyaux ſont d'u-
ne capacité fort mediocre & qu'on
pourroit aiſement les augmenter, ſoit
en l'argeur ſoit en hauteur en ſorte que
ce vauſſeai fourniroit 400. livres d'eau à
chaꝗ operation & même bien davantage : On tombera ſans doute d'accord
qu'il n'y a point d'hyperbole á dire que
cette nouvelle invention peut mettre
un homme en état de faire ſeul autant
que mille pourroient faire ſans cela.

4. Il faut pourtant avouer qu'il ſera
beſoin d'avoir des vaiſſeaux extrémé-
ment forts pour pouvoir reſiſter à une
preſſion auſſi forte qne celle dont Je parle à preſent, qui eſt de ſoutenir l'eau à
quatre ou cinq cents pieds de haut:
Mais neantmoins on pourra toûjours
fortifier les veiſſeaux par dehors avec
des cercles de fer : & paſſer en dedans
des

des barres de fer qui attachent les deux
fonds l'un à l'autre en sorte qu'il n'y
aura aucun danger qu'ils se rompent
quoyque le poids de toute la machine
n'approche pas de celuy d'un canon de
batterie : & on pourraretrancher le
vaisseau NN quand il faudra seulement faire monter l'eau dans des tuyaux : Mais alors on ne pourra faire
les operations si promptes à cause de
la grande quantité d'eau qu'il faudra
mettre en mouvement à chaque operation.

CHAPITRE IV.

Comparaison de la machine de Mons.
Savery avec la nôtre.

1.

AFin qu'on ne se méprenne pas
dans le choix qu'on aura à faire entre la machine de Mr. Savery
& cellecy : Je vais marquer icy les
avantages de cette derniere. Pre-
B 5 miere-

mierement donc la cornue AA étant
toute dans le feu se peut échauffer bien
plus prometement & à moins de frais
que les deux vaisseaur que M. Savery
appelle *boillers*.

2. Je remar q; 2°. que les vapeurs, chaudes, qui passent de la dans la pompe pour
en chasser l'eau, rencontrent dans sa machine de l'eau froide qui les condense &
leur fait perdre la plus grande partie de
leur force. Sur tout quand il faut pousser
l'au bien haut il est impossible que les vapeurs s'appuient si fortement sur l'eau
froide sans en être condensées & ce n'est
qu'apres que l'eau est échauffée qu'on la
peut pousser à 20. ou 25. pieds de hauteur
pour chauffer ainsi l'eau il faut consumer
beaucoup de vapeurs: il faut donc remettre souvent de nouvelle eau dans la
cornue & il faut bien du temps & du bois
pour la rechauffer: Mais, par le moien de
nôtre piston FF, les vapeurs ne rencontrent tôujours q; la même sur face de ce
metal qui acquiert bien tôt une si grande
chaleur que les vapeurs ne perdent rien
ou trespeu de leur force en s'appliquant dessus.   3. Je

3. Je remarq; 3..que M .Savery veut
que ſes pompes s'empliſſent par ſuction
lors que les vapeurs,qui ont chaſſé léau
de la pompe ſe condenſants par le froid
laiſſent un eſpace vuide d'air qui ſe doit
remplir d'eau qui monte qar un tuyau
ſoudé au bas de la pompe. Or il eſt bien
vray que au commencement du travail
cela reüſſit:& c'eſt auſſi de cette maniere
que nous avons fait autrefois : Mais depuis cela nous avonséprouvé qu'en con-
tinuant de travailler, toutes les pieces
s'échauffent en ſorte qu'il faut un temps
extremem. long pour les refroidir aſſez
pour faire la ſuction.Il a donc fallu avoir
recours à nôtre vaiſſeau ᴄᴄ qui fait que
léau entre par ſon poids dans la pôpeᴅᴅ;
& nõ par ſuction:& afin que les vapeurs
chaudes qui ſont dans la ditte pompe n'-
empêchent point léau d'y entrer on ouvre le robinet n par ou on fết les vapeurs
brulätes ſortir impetueuſementjuſques
à ce qu'on voye ꝗ léau commence auſſi à y
ſortir:alors on eſt aſſeuré q; la pompe eſt
pleine, on ferme vîte le robinet n & on
ouvre le robinet ᴇ & ainſi les operations ſe reiterēt

fort

fort promptement, sans ce remede l'inconvenient dont Je parle dans cest article auroit aussi suffi pour rendre la machine tout à fait inutile.

4. 4°. le fer rouge qu'on in-introduit par l'ouverture L est aussi un addition fort considerable à la perfection de cette machine : Car par ce moien les vapeurs, qui viennent frapper avec impetuosité contre ce fer, Souffrent une dilatation encor bien plus grande & plus violente que dans la retorte AA : & ainsi il s'en consume une beaucoup moindre quantité & elles font pourtant bien plus d'effet que si ce fer rouge n'y êtoit point.

5. Pour prouver incontestablement que le piston FF est necessaire pour elever leau à une hauteur un peu considerable : parce que les vapeurs se condensent aussi tôt qu'elles s'appliquent sur leau froide avec autant de force qu'il faut pour pousser leau seulement à 25. pieds de haut : Je rapporteray
icy

icy une experi ence que nous avons
faitte : C'eſt que, quand nôtre machine n'avoit point de piſton , on
voyoit qu'en taiſant jalir l'eau dans l'air
ouvert l'éffet étoit aſſez bon ; Mais,
quand on appliquoit le reſervoir NN
pour faire jalir la même eau dans lair
un peu preſſé, il étoit impoſſible de
reüſſir : Aul̃eu que avec le piſton
on ſait toûjours un bon effet quoy que
la reſiſtance de l'air preſſé dans NN
ſoit 10. ou 12. fois plus grande que celle
qui étoit invincible ſans l'aide du piſton. Il me reſte de répondre à quelques objections.

CHAPITRE V.

Réponſes à quelques Objections.

I.

PRemierement on peut m'objecter
que on ſera toûjours obligé de verſer
nouvelle eau dans l'ouverture G &
l'autre machine eſt exempte pe cette
peine

peine. J'avoue que cela peut être veritable en quelques rencôtres: Mais on peut pourtant presq́ tôujours preparer les choses en forteque l'eau pourra couler d'elle même dans l'ouverture G: Ainſi dans les mines, il ſera facile de faire place pour la machine un peu plus bas que n'eſt l'eau qu'il faut chaſſer: &, quand on voudra ſe ſervir de cette machine pour faire tourner un moulin, il ne faudra que mettre la roue que l'eau frappe plus haut que l'ouverture G & ainſi l'eau qui aura ſervi à frapper cette roue pourra tôujours recouler dans ladite ouverture & circuler continuelement. Mais, dans les cas mémes ou on ſera obligé d'élever de l'eau d'un lieu plus bas dans lad. ouverture, cette machine ſera tôujours fort avantageuſe: puisquel il n'y aura qu'à avoir quelque invention commode pour qu'un homme puiſſe êlever promptement cette eau juſques dans ladite ouverture: ce qui ne ſera pas de grande peine, puisque il ſuffira d'êlever l'eau à 15. ou 16. pouces de
haut

haut : & enfuitte, par l'aide de nôtre machine , un homme feul pourra élever
toute cette eau á des hauteurs pour
les quelles il faudroit peut être plus de
mille hommes : ou bien, p ir le moien du
reffort de l'air il luy comuniquera une
force æquivalente

2. On peut m'objecter encor que la
machine (comme nous la faifions d'a-
bord & comme on la fait encor en
Angleterre) a deux differentes forces : L'une par la preffion des vapeurs qui pouffent léau en haut ; &
l'autre par l'atraction qui fefait lorfque
les vapeurs etant condenfées laif-
fent un vuide pour recevoir de nouvelle eau en la place de celle qui a êté
chaffée or par cette nouvelle machine
cette feconde force eft abfolument per-
due. On a dejà vû cydeffus la repon-
fe à cette objection quand J'ay re-
marquéque lorfque la machine a un
peu travaillé (furtout quand on veut
l ver léau un peu haut) les pieces
acquierent tant de chaleur que
les

les vapeurs conſer vent long temps une force plus grande que la force de l'air exterieur : &, ſi on vouloit attendre qu'il ſe fît un refroidiſſement ſuffiſant pour tirer l'eau ſeulement de 12. ou 15. pieds de profondeur, il faudroit attendre tant de temps que la perte ſeroit ſans comparaiſon plus grande que le gain. Il vaut donc bien mieux ne faire fonds que ſur la chaleur & ne s'étudier qu'à la conſerver & l'augmenter aux moindres frais qu'il eſt poſſible : puiſque la preſſion qu'elle produit a une force bien plus grande & plus prompte que n'eſt la force de la ſuction.

3 On objectera peut être encor que les fers rouges qu'on introduira par l'ouverture L ſe refroidiront & que ce ſera un grand embarras & perte de temps de les ôter pour en remettre d'autres qui ſoient chauds. Je rêpons a cela premierement que on n'eſt pas obligé de ſe ſervir de ces ſortes de fers ſi on ne veut & nôtre nouvelle conſtruction ſeroit toujours preferable par
plu-

plusieurs autres raisons quand même
on n'y ajouteroit point celle cy : neant
moins, parce que ces fers font pourtant aussi un effet fort avantageux, Je
rêpons en second lieu que l'embarras
de changer les dits fers n'est pas si
grand qu'on s'imagine : Car il n'y a
qu'à soulever d'une main la verge a b
par son extremité a; ôter la plaque qui
couvre le trou & tirer le fer refroidi :
ce qui se fait fort promptement parceque ce fer est suspendu à un bouchon qui a une ance fort commode
pour cet effet : ayant ensuite mis l'autre fer dans le trou L & la plaque pour
le couvrir, on laisse baisser la verge a b
qui presse dessus & qui est garnie du
contrepoids necessaire pour resister à
la pression qu'on veut faire au dedans
de la prompe. Le fer rouge demeu-
re dabord suspendu au haut de la pompe parce qu'il est attaché à un bouchon
qui entre bien dans le tuyau soudé sur
l'ouverture L mais qui ne sçauroit pas-
ser tout outre à cause de quelque ob-

C   stacle

ftacle preparé pour cet effet. Il eft aifé de juger qu'il n'y a rien en tout cela
quine fe puiffe faire fort vîte & le fer é-
tant du poids de 15. ou 20. livres pourra
conferver fa chaleur fort longs temps
n'étant environnè que de vapeurs ex-
tremémént chaudes. Il faut pourtant
avouer que il fe refroidira tôujours &
que dabord qu'on l'aura mis il fera une
rarefaction des vapeurs bien plus violente que quelque temps apres: Mais
neant moins il ne faut pas craindre que
cela rompe la machine: car quand la
force interieure eft trop grande elle
furmonte la refiftance du poids fufpen-
du à la verge a b & ainfi elle ouvre le
trou L & le fuperflu de la force fe dif-
fippe par lá. On peut voir la maniere
de fe reigler pour fermer ce trou dans
la (3f.Dem.)

CHA-

CHAPITRE VI.

Application de cette machine à faire
tourner un moulin.

1.

IL est aisé de juger que cette nouvelle
invention se peut appliquer avanta-
geusement à plusieurs ouvrages qui re-
quierent une grande force & Monf. Savery a entr'autres donné les moiens de
l'emploier à faire tourner un moulin. Je
crois donc qu'il ne sera pas mal à propos de donner aussi icy nôtre maniere
comme étant beucoup plus simple &
plus avantageuse que la sienne.

2. Je crois que le meilleur seroit de
mettre la roue qui doit être frapée par
l'eau sur le même arbre que la meule
qui tourne & qu'elle soit aussi para-
lele à l'horizon & qu'on luy donne plus ou moins de diametre selon que la vîtesse de nôtre jet sera
plus ou moins grande : & pour ne
s'y tromper pas il faut sçavir 1°. quelle

C 2 vîtesse

vîteſſe on peut donner aux meules ſans
danger de mettre le feu au moulin & il
ſemble que l'experience ayt fait
voir qu'il eſt bon que la meule faſſe
un tour en une ſeconde & demie : Sca-
chant , 2°. la viteſſe de l'eau qui doit
frapper les ailes , il faudra propor-
portionner les pieces en ſorte que la
partie des ailes qui eſt frappée ayt la
moitié de la viteſſe de l'eau lorsque la
meule fera un tour en une ſeconde &
demie : & alors il n'y aura qu'à faire
tomber continuelement entre les meules la quantité de bled né ceſſaire pour
empêcher que la meule ne tourne ni
plus ni moins vîte. Si par exemple,
la viteſſe de nôtre eau eſt de parcourir
55 pieds en une ſeconde; la roue hori
ontale qui en eſt frappee & qui fait
ſon tour en même temps que la meule,
doit avoir ſes rayons de prés de ſept
pieds. Car ainſi ſa circum fereuce ſera
de enuiron quarante, & un pieds qui
ſeront parcourus en une ſeconde & demi: & par conſequent ce ſeront environ

viron 27. pieds & demi par seconde.
Or cette vîtesse étant la moitié de la vîtesse de notre jet on demontre (11.
Dem.) que c'est la disposition necessaire pour produire le meilleur effets pos-
sible.

4. pour sçavoir ensuitte quelle devroit être la grosseur & la vîtesse du jet.
afin que nôtre moulin feît autant d'effet que les moulins qui sont sur la seine:
nous n'avons qu'à examiner la force
que Monf. Mariotte leur attribue. Il
dit donc que les aix qui enfoncent dans
léau pour servir d'ailes à la roue sont
de telle étendue que les parties qui
sont poussées par léau ont 20. differents
pieds quarrez de superficie : & il a-
jôute que léau a la vîtesse de parcourir
quatre pieds par seconde.

5. Il démontre aussi que la force de
léau se doit mesurer par lêtendue de
sa baze & par la hauteur ou elle peut
monter & que deux jets font equilibre
l'un contre l'autre quand leurs bases &
leurs hauteurs font en raison recipro-

C 3   que

que : Si par exemple le premier a sa base 200. fois plus etendue que le second :
& que le second ayt la force de monter
200. fois plus haut que le premier, ces
deux jets feront equilibre , la hauteur
de l'un recompenfant la groffeur de
l'autre. Nous trouvons donc dabord
que la viteffe de nôtre jet étant 55. pieds
& ½ par feconde il doit monter a 50.
pieds de haut (13. Dem.) qui eft 200. fois
plus que ne pourroit monter l'eau de la
Seine : Car la viteffe de 4. pieds par feconde ne monte qu'à un quart de pied :
nôtre jet ayant donc 200. fois plus de
hauteur il doit avoir fa bafe 200. fois
moins étendue pour faire equilibre
contre l'autre : & par confequent, la bafe de l'autre étant de 20. differents pieds
quarez, il fuffiroit que la bafe du nôtre
fût d'un peu plus de 14. pouces (12.
Dem.) de forte que, fi nous avions 14.
tuyaux chacun d'un pouce quarré d'ouverture qui jettaffent l'eau avec la viteffe pour monter à 50. pieds de haut, ils
feroient

feroient à peu prés equilibre contre
léau qui fait tourner les moulins de la
Seine.

6. Mais il y a encor une autre chose
à obferver à quoy M. Mariotte n'a
pas penfé : c'eft que, encor que deux
jets de differentes viteffes faffent
ainfi equilibre l'un contre l'autre, ils
ne font pourtant pas egalement
d'effet fi on les emploie à tourner des
roues mais celuy qui a le plus de viteffe pourra faire un effet plus grand
en même raifon que la grande viteffe
eft a la plus petite : cela fe demontre
fort bien (14. Dem.) Puis donc que
la viteffe de notre jet eft prés de 14.
fois plus grande que celle de l'eau
de la feine fon effet fera 14. fois
plus grand : Ainfi donc, au lieu de
prendre 14. tuyaux , comme Je
viens de dire, il faudra en avoir feu-
lement un & cela fuffira pour faire

C 4   faire

faire à nôtre moulin plus deffet que n'
font les moulins de la feine.

7. J'avoue portant qu'à confiderer fim-
plement l'æquilibre du jet impetueux
contre le jet lent ; & enfuitte l'avantage
que donne l'impetuofité pour tourner
des roues, nous avons vû que notre
jet d'un pouce en quarré montant à 50.
pieds ne devroit pas même faire tout
à fait autant deffet que les moulins de
la feine. Mail il faut confiderer auffi
que nôtre nouvelle conftruction a encor bien d'autres avantages que Je vais
marquer,

CHAPITRE VII.

Divers avantages de cette nouvelle conftruction.

I.

PRemierement nous n'avons point
icy de roues dentées qui féngrai-
nent dans des lanternes , comme on
en a pour augmenter la vîteffe des
meules

meules aux moulins ordinaires : &
ces engrenages font perdre de la force
beaucoup plus qu'on ne s'imagine.

2 Un autre avantage de nôtre conftruction c'eft que léau ne perdroit
presque point de fa force par l'obliquité de fon choc contre les ailes de la
roue.   Pour bien entendre cecy il
faut confiderer les roues des moulins
de la Seine tellesque M . Mariotte les
décrit : elles ont 5. pieds de rayon &
enfoncent de 2. pieds dans léau: il ne
dit point combien il y a d'ailes ; mais
Je fuppofe qu'il y en ayt fix que Je re-
préfente fig. 2. par les fix ligues noires dont A B, que Je fuppofe perpendiculaire à l'horizon , eft divifée en 5
parties : & deux de ces parties, depuis H juspues en B , font enfoncées
dáns léau dont la fuperficie eft reprefen-
tée par la ligne LL.   Il eft vray que ,
les chofes étans dans cette fituation ,
léau pouffe à plomb toute la hauteur
de deux pieds fçavoir H B : Mais fi,
outre ces fix ailes , nous y en mettions
                                    encor

encor six autres marquées par les lignes ponctuées Ac, AE, on voit bien que la partie CF recevroit la plus grande partie de l'eau qui la frapperoit obliquement : & ainsi la partie H M étant à couvert il ne resteroit plus que la partie M B qui seroit frappée perpendiculairement par le courant de l'eau : & le reste frappant obliquement contre CF ne fait pas tant d'effet que s'il frappoit contre HM : car on sçayt que le coup oblique fait moins d'effet que le perpendiculaire : On voit deplus que plus on feroit le nombre des ailes grand plus il y auroit de coups obliques : car l'aile AV par exemple recevroit dans sa partie X V une quantité de coups plus obliques qu'ils n'auroient été contre l'aile F C : & aussi l'aile A N dsns sa partie Q N reçoit obliquement les coups qui auroient du frapper perpendiculairement contre MP.

3. Mais encor qu'on n'augmentât point le nombre des six premieres aîles

les on fouffriroit pourtant tôujours
beaucoup de perte par l'obliquité des
coups : parce que fi tôt que le rai-
on A B s'avanceroit, vers E il ceffe-
roit de recevoir des coups perpendi-
culaires : & auffi le rayon A D en
s'enfonçant dans l'eau ne recevroit que
des coups obliques jusques à ce que
le point D fût parvenu en B : & il n'y
a que dans l'inftant qu'il y a quelque aile perpendiculaire que ces fortes de
roues ne perdent rien par l'obliquité
des coups.

4. Nous pouvons voir aprefent
combien notre conftruction aura d'a-
vantage par le peu de perte qu'elle fera à cet égard. Nous avons pofé que
notre roue frappée par l'eau doit
avoir les rayons ou ailes de près de 7.
pieds de longueur, c'eft à dire environ 84. pouces : Or il feroit facile de
faire que nôtre jet ne frapperoit qu'un
demi pouce à l'extremité des dittes
ailes : Car, au lieu de ne faire qu'un jet
d'un

d'un pouce quarré, en pourroit on faire
deux qui auroient chacun un pouce
de haut, & demi pouce de large : &
on pourroit les conduire en sorte qn'ils
frapperoient des deux côtez de la roue
qui par ce moien ne seroit point plus
pressée d'un côté que de l'autre & ainsi
les pivors ne souffriroient que peu de
frottement dans leurs trous : Il n'y auroit donc que la 160. partie de chaque
aile qui seroit rencontrée par léau : aulieu que pour les moulins de la seine il y
en a deux cinquiémes parties : Ainsi
on pourroit mettre un tres grand nombre d'ailes à nôtre roue sans qu'il y éut
aucun danger que celles de derriere
empchassent léau de frapper contre
celle qui seroit perpendiculaire : & il
y en auroit prespue toujours quelcune
perpendiculaire : &, quand elles cesse-
roient ou commenceroient d'être frap-
pées par léau, elles seroient si peu éloignées de la perpendiculaire que leur
force ne seroit pas sensiblement diffe-
rente de celle de la perpendiculaire

ré même : cela est si manifeste que
ce seroit perdre le temps d'en appor-
ter d'autres preuves : Je diray seulement à ceux qui en doutent qu'ils n'ont
qu'a diviser la ligne A B en 160 parties:
& par le point qui marquera la pre-
miere partie, de puis B en montant,
il faut tirer la ligne LL qui marque la
superficie de l'eau : & alors ils ne dou-
teront plus de tout ce que J'avance : &
avoueront que la perte que nous fe-
rons par l'obliqui te des coups de l'eau
ne merite pas qu'on en parle; au lieu
que dans les moulins de la seine cette
perte est bien considerable.

5. Un troisième l'avantage de nôtre
machine c'est qu'elle peut ne rien perdre par l'obliquité des ailes dans l'eau.
Pour bien entendre cecy il faut encor
regarder la fig 2. ou on peut observer
que, le rayon ou aile AB étant perpendiculaire, il est vray que il sera
frappé à plomb dans toute la hauteur
HB qui est de deux pieds, pourvû qu'il
n'y ayt que les six ailes noires : Mais
quand

quand le rayon A B fera venu en AE:
& AD en AC: il eft manifefte que toute léau qui paffe dans toute la hauteur
M B ne communique fa force á rien :
& il n'y a que dans l'inftant qu'il y a
quelque rayon perpendiculaire qu'on
ne fouffre point de perte à cet egard :
& fi on veut diminuer cette perte par
la grande quantité d'ailes qu'on peut
mettrre à la roue, on tombera dans
l'autre inconvenient qui eft d'augmenter la perte que nous avons vû qui fe
fait par l'obliquité du choc. Mais il eft
aifé de voir que dans notre machine on
peut aifement faire que le jet frappe
un peu plus pres de l'axe en forte qu'il
foit tout entier rencontré par les ailes
dans le temps mêmés qu'elles font le
plus éloignées de la perpendiculaire :
& comme nous avons vu qu'il n'y a
aucun inconvenient d'en faire un tres
grand nombre pour la roue de nôtre
moulin, il y en peut toujours avoir
quelcune fi proche de la perpendiculaire

re que le jet demeurera presque aussi loin de l'axe que sil frappoit l'extremité d'une aile petpendiculaire : tout cela est si facile qu'il n'est pas besoin de s'y arréter d'avantage.

6. Je conclus donc que tous ces avantages de notre construction doivent sans difficulté estre suffisants pour rendre l'effet de nôtre moulin considerablement plus grand que celuy des moulins de la seine : pourvu que son jet ayt un pouce quarré de base & la vîtesse de 56. pieds &$\frac{1}{2}$. par seconde la quele vîtesse fait monter à la hauteur 50. pieds.

CHAPITRE VIII.

Contenant quelques observations considerables.

1.

NOus pouvons voir presentement com-

combien nôtre machine pourroit faire tourner de moulins tels que nous
les avons representez : en suppofant
que son jet avt la viteffe de monter à 50.
pieds ou de parcouris 56. pieds & $\frac{1}{2}$.
par feconde. On fçait que un paralle
lipipede d'eau, long de 56. pieds &
& d'un pouce quarré de bafe, doit pe-
fer environ 27 livres & $\frac{1}{2}$ C'eft donc
là la quantité d'eau que fournit, par
feconde, l'ouverture quarrée qui fait
tourner nôtre moulin : elle fournit
donc 55. livres d'eau en 2. fecondes:
Mais nous avons vû cy deffus que nôtre machine doit fournir 200 livres
d'eau toutes les deux fecondes : ce qui
eft prefque le quadruple de 55. livres:
& ainfi on peut dire que nôtre machine
feroit capable de faire tourner quatre
moulins qui feroient chacun autant
d'effet que les moulins fur la feine : Car
ce qu'il s'en faut que 200. ne foient le
quadruple de 55. feroit plufque recom-
penfé par les avantages que nous avons
remarqué

remarqué cy deſſus que nôtre nouve-
le conſtruction a par deſſus les moulins ordinaires. De plus nous avons
cy deſſus fait nôtre conte pour avoir la
force æquivalente à faire continuelement monter l'eau plus de 62. pieds de
haut : ce qui eſt preſque la 5. partie plus-
que nous ne contons à preſent. Il eſt
vray pourtant que, pour avoir cette
force æquivalente à une force de pouſſer continuelément l'eau à 62. pieds de
haut, il ſeroit neceſſaire de faire le reſervoir NN bien grand : Mais ce ne
ſeroit pourtant point une grandeur qui
dut paſſer pour impraticable. Neant
moins il vaudroit peut etre mieux laiſſer une plus grande difference entre la
plus grande & la moindre preſſion afin
de n'être pas obligé de faire ce vaiſſeau
ſi grand : & la proportion qui ſuit me
paroit aſſez bonne.

3. Suppoſons, par exemple, que nous
luy donnions 15. pieds de haut : c'eſt à
ſçavoir 5. pieds de Q à P, 5. pieds P à O
& 5. pieds de O à N : il eſt clair que pour

D ſou-

soutenir 64. pieds d'eau il faudra encor
que l'air soit reduit à n'occuper que l'espace QP qui est 5. pieds le tiers de l'espace total : &, à la fin de l'operation,
lorsqu'il sera le plus dilate; il occupera
un pied de plus sçavoir l'espace QV qui
est de 6. pieds : Or on peut démontrer
que l'air ainsi dilaté est encor capable de
soutenir 48. pieds d'eau (15. Dem.) : Or
le milieu entre 48. & 64. c'est 56. & ainsi
ayant le reservoir NN de 15. pieds de
haut & de 23. pouces de diametre cela
suffiroit pour avoir la force equivalen-
te à une pression tôujours egale qui
pousseroît continuelement l'eau à 56.
pieds de haut : & cet excés au dessus
de 50. pieds est aussi suffisant pour nous
recompenser de ce que 200. n'est pas
tout à fait quadruple de 55. & ainsi nous
ne devons point douter que nôtre machine ne puisse faire plus d'effet que
quatre des moulins sur la seine.

4. Mais on pourroit encor faire ledit
vaisseau NN beaucoup plus petit : car
pourvû que nous puissions avoir dans
l'espace

l'espace Q V nôtre air aussi condensé
qu'il faut, il est inutile d'avoir toute cette grande hauteur N V qui n'est rem-
plie que d'eau : ainsi il faudroit seulement faire ledit vaisseau d'un peu plus
de 6. pieds de haut, en sorte que quand
l'air seroit le plus pressé il n'occuperoit
que la hauteur N. 5. mais quand il seroit
le plus dilaté il occuperoit encor l'espace N 6. & il resteroit encor assez d'eau
au dessus de l'ouverture du robinet XX
pour empêcher que l'air ne pût s'échapper par là : on voit donc que la grandeur de ce vaisseau ON peut être fort
mediocre & n'apportera point d'ob-
stacle à l'execution.

5 Il ne reste donc que la difficulté d'a-
voir cet air si comprimé dans toute la
hauteur N 6: & on peut en venir à bout
pas plusieurs moïens : mais Je crois que
le meilleur seroit d'avoir un robinet assez gros dans l'endroit YY afin qu'en
ouvrant ce robinet on pût promptement vuider d'eau tout l'espace entre
la soupape T & Y : cet espace donc é-

tant

tant rempli d'air & le robinet refermé
il n'y auroit qu'à faire jouer la pompe:
car l'eau qui viendroît de DD par HH ne
manqueroit pas de chasser cet air par
MM dans le reservoir NN d'ou il ne
pourroit plus sortir: & ainsi par plusieurs operations reiterées on obtien-
droit infailliblement ce qu'on cherche:
& quand une fois l'air seroit ainsi pressé
ce seroit pour tôujours à moins de quelque accident.

6. La grande hauteur que Je donne
au tuyau MM n'est pas sans dessein: Car
Je suis persuadé qu'elle peut beaucoup
contribuer à augmenter l'éffet: La raison en est que, la pression sur le piston F
F excede si fort la resistance qui se ren-
contre dans le vaisseau N N dans le
temps que l'air y est le plus dilaté, que ce
piston dêcend fort vîte: & ainsi il donne
une grande impetuosité à l'eau qui môte
par Y MM: & cette impetuosité sert ensuitte à vaincre la resistance de l'air qui
se comprime de plus en plus dans NN:
On voit quelq chose de pareil quand on
                                    fait

fait l'experience de Torricelli : car il se
fait plusieurs allées venues parceque le
mercure décend dabord & en décen-
dant il acquiert un mouvement qui luy
donne la force d'aller plus bas qu'il ne
deuroit : & ensuitte la pression de l'air
exterieur le fait remonter & luy communique aussi un mouvement qui luy
donne la force de remonter plus haut
que la pression de l'air ne le pourroit
soutenir:on peut donc conclure que,par
la méme raison, la grande impetuosité
du gros cylindre d'eau passant par MM
contribuera à comprimer l'air dans NN
au dela de ce qu'on pourroit attendre de
la seule force des vapeurs qui pressent
sur FF : & la soupape T empéchera que
léau qui sera une fois entrée ne puisse
retourner par le même chemin: ainsi il
n'y a pas grand mal que la pression de
l'air dans N N se trouve considerablement diminuée quand on commence
une nouvelle operation: Car cette diminution de pression dans NN fait que
léau qui entre par MM acquiert d'au-

tant

tant plus d'impetuosité , & on voit par
la qu'il n'est pas besoin de s'embarrasser
pour faire les reservoirs N N d'une
grandeur incommode & qui coûteroit
beaucoup : Cette grandeur ne servant
que pour moderer la diminution de la
pression de l'air & nous avons vû que
cette diminution n'est pas prejudiciable.
On peut aussi voir que nôtre machine
fera plus d'effect que Je n'ay dit : parce
que dans le calcul cy dessus Je n'ay point
fait entrer cette force qui doit être pro-
duitte par l'impetuosité que léau acquiert en montant par le tuyau MM

7. Je souhaitterois pouvoir aussi calculer la valeur de cette force & donner
de boñes reigles pour determiner quelle
doit être la longueur du tuyau MM & la
capacité du vaisseau N N pour mettre
la machine en état de faire le plus grand
effet & au meilleur marché qu'il est pos-
sible : Mais Je n'ay pas à present le loisir
de m'attacher á ces sortes de medita-
tions : & Je croirois faire mal de differer
plus long temps à donner au Public une

Inven-

Invention fi utile : car, quoyqu'il foit
vray que les înftruments aftronomi-
ques ne font pas à eftimer á moinsqu'ils
ne foient fort parfaits : il n'en eft pas de
même de ces machines icy : & quoyqu'il
leur manque encor bien des chofes on
en peut pourtant dêja tirer de tres grandes utilitez. Je crois donc que le meilleur eft de publier fans delay ce petit ouvrage tel qu'il eft & d'inviter les lecteurs
à vouloir bien pouffer auffi plus avant
ces recherches fi utiles,& à mettre cette
machine en pratique pour en tirer des
utilitez & luy donner en même temps de
plus hauts degrez de perfection. Et il
ne faut pas trouver à re dire qu'il y ayt
diverfes chofes qui ne font pas demon-
trées avec la derniere exactitude : Car,
quand meme on fe donneroit bien de là
peine pour mettre les preuves dans un
plus haut degré devidence il n'en reviendroit que fort peu ou point d'utilité
pour la pratique.

8. Je raporteray icy un feul exemple
de ces demonftrations peu exactes afin

que le lecteur puisse par là juger des autres. Au 5. article du chap. 2. il est dit que
la machine pourra toutes les deux secondes elever deux cents livres d'eau
à 40. pieds de haut & la preuve de cela est dans la (7. Dem.) Mais si nous
considerons la chose avec attention,
nous verrons que cette preuve est fon-
dée sur une fausse supposition : car elle
suppose que, quand le piston FF commence à décendre, l'air dans NN s'étent
dans tout l'espace QO ; mais qu'ensuitte
il se doit resserrer dans l'espace Q P à
cause de la nouvelle eau que le piston
y a poussée par sa décente. Or cecy
ne sçauroit être vray à moins qu'on ne
reteînt l'eau enfermée dans NN : car il
est vray qu'alors l'eau introduitte
par la décente du piston rempliroit
NN jusques à la hauteur P ; Mais,
puisque nous voulons que l'eau sorte
continuelement par le robinet X X,
il doit en sortir une si grande quantité
durant la décente du piston qu'il s'en
faudra beaucoup que l'eau qui entre ne
puisse

puiſſe monter jusques à la hauteur P. Je
repons à cela que quand la preſſion de
l'air dans NN ſera moindre que nous ne
l'avons ſuppoſee, le piſton FF deçendra
auſſi plus vîte parce qu'il aura moins de
reſiſtance à vaincre: les operations de-
vront donc s'achever dans un tẽps plus
court; & ainſi il ne pourra ſortir du vaiſſeau NN deux cents livres d'eau a chaque operation: vû principalement que
la viteſſe de l'eau qui ſort ſe diminue par
la diminution de la force qui la chaſſé.
Puis donc que chaᶜʒ operation fait entrer deux cents livres d'eau dans le vaiſſeau NN & qu'il n'en ſortiroit pas une
ſi grande quantité dans le meme temps
il eſt infalliſible que ledit vaiſſeau devroit ſe remplir de plus en plus juſques à ce que l'air y fût parvenu au degré de condenſation neceſſaire pour
chaſſer deux cents livres d'eau à châque
operation & alors il auroit environ la
force qu'il faut pour faire, comme nous
avons dit , un effet equivalent a celuy
de pouſſer continuelement deux cents

D 5   livres

livres d'eau à la hauteur de 40. pieds dans
le temps de deux secondes. Et il seroit
inutile de se fatiguer pour mettre cette
proposition dans une plus grande evi-
dence : car, quand même on auroit mis
cette demonstration dans la plus grande exactitude Geometrique, Il faudroit
pourtant toujours, quand on viendra a
l'execution, avoir la precaution de preparer l'ouverture par ou léau jallit en
sorte qu'on puisse la rendre un peu
plus large ou un peu plus étroitte selon
que l'experience montrera qu'il en sera
de besoin. Je puis encor ajouter icy qu'encor que les operations ne pussent s'a-
chever aussi vîte que nous pretendons
& qu'il se trouvât encor quelques autres
raisons qui feissent que les avantages de
nôtre machine fussent de la moitié
moins grands que nous ne les avons po-
fez ils le seroient pourtant encor autant
& plus qu'il n'est necessaire pour faire
conter cette invention comme une des
plus utiles qui soient au monde.

9. Il reste encor de donner la maniere
de mettre de léau dans la retorte AA méme

me dans le temps qu'elle travaille &
que la preſſion des vapeurs qui y ſont
enfermées ſeroit capable de ſoutenir
léau peut être à la hauteur de pluſieurs
centaines de pieds : car, quoyque le
piſton FF & le fer rouge introduit par
l'ouverture L puiſſent beaucoup contribuer à conſerver les vapeurs extre-
mement dilatées : & ainſi empêcher
qu'il ne ſe côſume baucoup d'eau dans la
retorte AA il ne faut pourtãt pas eſperer
qu'elles ne ſe conſûmeront point du-
tout & il eſt tres avantageux de pou-
vir reparer la diminutiõ de léau ſans
qu'il ſoit neceſſaire d'interrompre le
travail & de laiſſer échapper tout ce
qui fait effert pour ſortir de la retorte
Cela ſe peut fort bien faire par le moien du robinet R au quel on peut aju-
ſter une pompe de maniere qu'on fera entrer par force léau dans la retorte quand meme la reſiſtance de la
ſou-

preſſiõ interieure ſeroit capable de ſoutenir léau à la hauteur de plus de mille
pieds. J'ay autres fois, chez Mr, Hugens
ajuſté ainſi une pompe qui preſſa l'air
juſques à pouvoir ſoutenir lahauteur de
plus de 1500. pieds d'eau:& nous l'auriõs
preſſé encor bien d'avantage ſi les vaiſſeaux ou ſe faiſoit cette preſſion avoient
pû reſiſter. Il n'ya donc point de doute
que la retorte AA ne puiſſe être fournie
de nouvelle eau ſans diſcontinuer ſon
operation dans le temps même que la
machine pouſſera léau aux plus grandes
hauteurs dont on puiſſe avoir beſoin :
Car il n'y aura qu'à faire jouer de temps
en temps la pompe ajuſtée au robinet R:
&, moiennant divers artifices dont on
ſe peut ſervir pour exciter la chaleur du
feu, peu d'eau ſuffit pour faire des effets
incroiables, la dilatation de l'eau pouvãt
ſurpaſſer de beaucoup celle de la poudre
à canon :& ainſi ce ne ſera pas une grande augmentation de travail que de reparer la conſumption de léau dans la
retorte.

P.S.

P.S.

J'ay dit à la fin du chap. 3. ques si on re-
tranchoit le vaisseau NN & qu'on
mît en sa place de gros tuyaux qui con-
duisissent l'eau à la hauteur que l'on sou-
haitte, il arriveroit que les operations
ne pourroient se faire si promptement
que quand on se sert du vaisseau NN:
Mais Je n'êtois alors fondé que sur la
theorie pour avancer cette proposition:
ainsi Je crois qu'on sera bien aise d'ap-
prendre que cela est à present confirmé
par experieuce. MONSEIGNEUR a
fait faire une machine dont le tuyau qui
jette l'eau a un peu plus de 5. pouces de
diametre: cette machine est placée
dans la cour de la maison que S.A.S. a
fait bâtir pour les sciences & les arts: les
tuyaux montent jusques au beluedere
au dessus du toict de la maison environ
70 pieds au dessus de la machine: de sorte que l'eau contenue dans soute cette
hauteur de tuyau pese environ 600. livres: Il y a donc grand lieu de croire
que

que les vapeurs rencontrant une telle
reſiſtance doivent employer un temps
remarquable pour communiquer un
mouvement ſenſible à un ſi grand poids
& en effeʒt, apreſque le robinet E eſt ouvert il ſe paſſe environ une ſeconde de
temps avant qu'on voie rien ſortir de la
courbure qui eſt au haut du tuyau : &
quand l'eau commence à ſortir ce n'eſt
qu'une petite quantité qui ſe groſſit par
degrez & il faut trois ou quatre ſecondes avant de refermer le robinet E:
Ainſi on peut ſ'aſſeurer à preſent qu'il
vaut mieux employer un vaiſſeau côme
NN avec des tuyaux mediocres qui jet-
tent l'eau continuelement ; que de ſe ſervir de gros tuyaux tels que ceux dont
Je viens de parler : S.A.S. ayant encor
eu la generoſité de faire faire les experiences neceſſaires pour empêcher
qu'on ne ſe trompe à cet egard. Je diray
icy en paſſant que la methode pour pref-
ſer l'air dans N N qui a été decrite au
chap. 8. art. 5. Nous ouvre un moien
pour faire des ſoufflets d'une force in-
croyable ; Surtout dans les occaſions ou
on

on a besoin que le vent ayt une tres grande impetuosité.

Table des matieres.

Avantage de nôtre machine par def-
fus celle de M. Savery a cauſe de ſon pi-
ſton (42.)

Raiſons pourquoy on ne doit pas ſe
ſervir de la ſuction pour remplir nos
machines (43.)

Experience inconteſtable pour prou-
ver l'utilité du piſton (45.)

On montre un gain tres conſiderable
qui vient de la viteſſe des forces mou-
vantes à quóy on n'avoit pas encor pris
garde (66.)

Nouvelle couſtruction de moulins
preferable aux anciens mouins à cauſe
de ſa ſimplicité & par deux autres rai-
ſons (71.) (72.) &c.

La machine decritte dans ce traitté
peut faire tourner quatre moulins dont
chacun feroit autant d'effet que les mou-
lins qui ſont ſur la ſeine à Paris. (81.)

Nôtre machine peut faire encor plus
d'effet que l'on n'avoit dit dans le cha-
pitre 3. (86.)

Maniere de mettre de nouvelle eau
dans la retorte ſans interrompre les
operations (39.)

F I N.

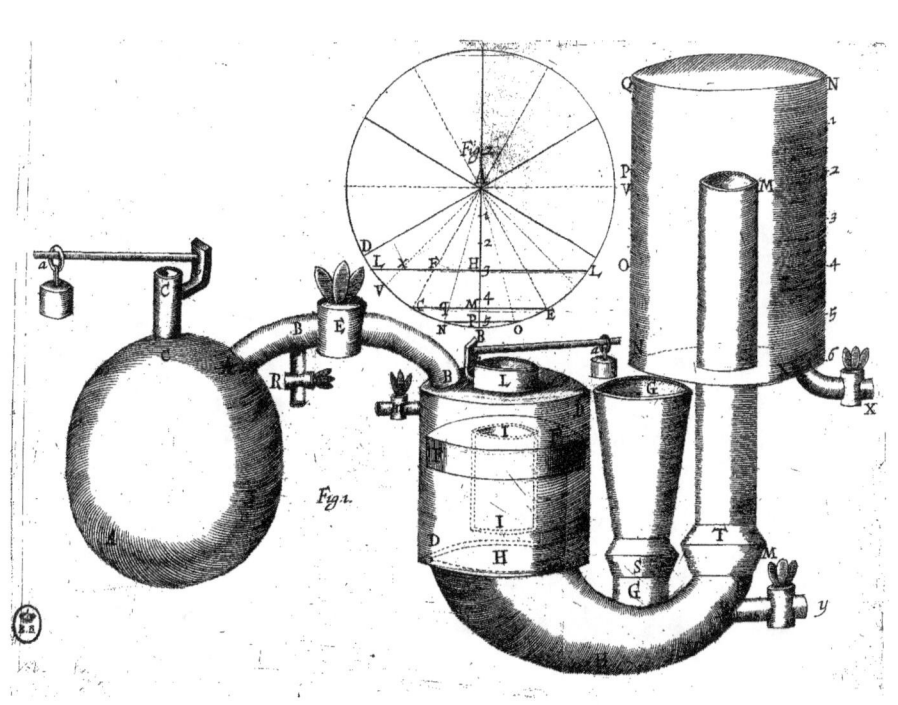